U0220824

〔英〕丽莎·里根 著

王西敏 译

孩子背包里的
大自然

探索神奇的池塘和湖泊

外语教学与研究出版社
北京

京权图字：01-2022-3852

图书在版编目（CIP）数据

孩子背包里的大自然. 探索神奇的池塘和湖泊 ／（英）丽莎·里根（Lisa Regan）著；王西敏译. —— 北京：外语教学与研究出版社，2022.10
ISBN 978-7-5213-4013-6

Ⅰ. ①孩… Ⅱ. ①丽… ②王… Ⅲ. ①自然科学－少儿读物
②湖泊－少儿读物 Ⅳ. ①N49 ②P941.78-49

中国版本图书馆 CIP 数据核字 (2022) 第 188353 号

出 版 人　王　芳
项目策划　于国辉
责任编辑　于国辉
责任校对　汪珂欣
装帧设计　王　春
出版发行　外语教学与研究出版社
社　　址　北京市西三环北路 19 号（100089）
网　　址　http://www.fltrp.com
印　　刷　北京捷迅佳彩印刷有限公司
开　　本　889×1194　1/16
印　　张　2.25
版　　次　2022 年 11 月第 1 版 2022 年 11 月第 1 次印刷
书　　号　ISBN 978-7-5213-4013-6
定　　价　45.00 元

购书咨询：(010) 88819926　电子邮箱：club@fltrp.com
外研书店：https://waiyants.tmall.com
凡印刷、装订质量问题，请联系我社印制部
联系电话：(010) 61207896　电子邮箱：zhijian@fltrp.com
凡侵权、盗版书籍线索，请联系我社法律事务部
举报电话：(010) 88817519　电子邮箱：banquan@fltrp.com
物料号：340130001

小心！

大人不在身边的时候，
不要独自去水边。

目录

什么是湖泊和池塘？

湖泊是指被土地环绕的大片水域。世界各地都有湖泊，它们大小不一，形状各异。无论面积大小，湖泊都是重要的生态系统，是很多动物和植物的家园。

你知道吗？

一些湖泊和池塘是人造的。很多人会在花园里挖一个池塘吸引野生动物。为储存人类用水而建造的湖泊被称为水库。

有的湖泊，比如英格兰湖区的阿尔斯沃特湖（下图），是由冰川形成的。

湖泊还是池塘？

池塘是一小块静止的淡水，通常比湖泊小且浅。阳光可以直接照射到池塘底部，供植物生长。而湖水太深，阳光无法完全穿透，植物可能只生长在湖的边缘。湖泊上层被阳光照到的地方，相对水温会高一些。

位于美国马萨诸塞州的瓦尔登湖，虽然在英文里用的是"池塘"一词，但它其实是一个湖，因为它很大，也很深。

美国俄勒冈州的火山口湖是美国最深的湖泊。

造一个湖泊

湖泊坐落在地势低洼的地方。低洼是由不同的原因造成的。死火山的火山口会被雨水或融化的雪填满，形成**火山湖**。随着时间的推移，河流会改变河道，部分河流可能会被切断，留下**牛轭湖**。地壳运动也会形成湖泊。地壳被分成多个构造板块，因此这些湖泊被称为**构造湖**。世界上面积最大的淡水湖——北美洲五大湖中的苏必利尔湖，以及许多著名的湖泊，都是很久以前因冰川在陆地上刨蚀而形成的。地面因刨蚀作用形成大坑，或留下石坝。这些石坝堵住了水，继而形成了**冰川湖**。

这条蜿蜒的河流最终将形成一个新的牛轭湖。

世界上最古老的湖是贝加尔湖，大约有 2500 万年的历史。

世界各地

世界上最深的湖是位于俄罗斯的贝加尔湖，它是一个构造湖，是由于地壳的两个板块逐渐分开而形成的。贝加尔湖的储水量占世界淡水总量的 20%，比北美洲五大湖加在一起的储水量还要多。它的面积有 3 万多平方千米，最深的地方可达 1600 多米。

水循环

地球上所有的水分都会参与到水循环中。同一部分水在一圈又一圈的循环中变换着形态，从湖泊、池塘、大海和大洋中**蒸发**，变成云，然后又落回到地球上。

水循环

冷凝

蒸腾

蒸发

降水

水会通过人类的汗腺以汗水的形式挥发，或是通过植物的**蒸腾作用**进入水循环。

周而复始

来自太阳的热量使海洋、湖泊、河流和水坑升温。升温使水蒸发：水会变成一种叫作水蒸气的气体。水蒸气升到天空，又开始冷却，**凝结**成小水滴。这些小水滴组成云朵，最后因为太重而无法留在空中，通过**降水**（雨、雪、冰雹或雨夹雪等）落回地面。

季节性池塘

季节性池塘可能会在雨季出现，一直持续到夏天，然后再次干涸。它们通常看起来就像是树林或田野中的一个个水坑。鱼无法在里面生存，但这些水坑是其他生物重要的繁殖地。昆虫和两栖动物在水坑里产卵，它们知道这些卵可以平安孵化，没有被吃掉的风险。

淡水湖通常是开放式的，比如
意大利的科莫湖。

开放还是封闭？

湖泊可以包含淡水或咸水。如果水可以
通过河流离开湖泊，那这就是开放式湖
泊。如果没有出口，湖泊就是封闭的。
水从封闭的湖泊中逸出的唯一途径便是
蒸发。任何能在水中溶解的矿物质都会
积存下来，最终使水变咸。

盐湖

有些湖泊盐分太高，所以被称为海。然
而，它们仍然是湖泊，因为它们是封闭的水体。其中最大的咸
水湖是位于欧亚边界的里海。里海的水是咸的，但
不像海水那么咸。死海是西亚的一个湖泊，其盐度
约为海水的 10 倍。

试一试

观察水循环

你可以在家里建造自己的迷你水循环系统。

• 请大人帮忙往一个干净的玻璃瓶中装半瓶
热水。

• 用一个盘子盖住瓶
口。在盘子上放一
些冰块。

• 注意观察，盘子的
底部会凝结很多小
水珠，然后滴回到
水里。

美国犹他州大盐湖里的盐可以
提取出来，用于出售。

水中的生命

一个池塘或湖泊通常包含所有主要的生物类群，从微小的细菌到昆虫、鱼类和两栖动物，应有尽有。爬行动物、哺乳动物和鸟类也会生活在湖泊、池塘中，或是水域周边的地方，以水生动物和植物为食。在干旱地区，湖泊是陆地动物聚集饮水的地方。

当心！

永远不要独自去水边。

一定要有大人陪同。

不要离岸边太近，以免身体不稳，掉进水里。

在野外的水里游泳很危险，而且爬上陡峭或湿滑的河岸可能也很困难。

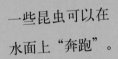
一些昆虫可以在水面上"奔跑"。

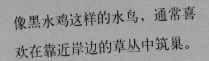
像黑水鸡这样的水鸟，通常喜欢在靠近岸边的草丛中筑巢。

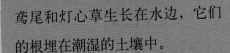
鸢尾和灯心草生长在水边，它们的根埋在潮湿的土壤中。

藻类会在水面形成一层绿色涂层。它们不是植物[1]，但也能进行光合作用。

[1] 学术界普遍认为，除绿藻等部分藻类外，大多数藻类不属于植物。
——译者注

大型哺乳动物会到水边喝水。

在水中成长

像睡莲（下图）一样的水生植物，会有海绵状的叶子和茎来帮助它们在水中成长。和其他植物一样，它们也可以通过**光合作用**来制造食物。它们利用阳光中的能量，把二氧化碳和水转化成帮助自己成长的糖分，与此同时释放出作为副产品的氧气。

一些水生甲虫会携带气泡，便于它们在水中呼吸。

试一试

制作氧气泡

观察池塘植物的光合作用，亲眼见证氧气的产生吧！

· 在一个大碗里装满干净的水，在里面加几株眼子菜。

· 把碗放在阳光下，或者靠近强光。

· 过一会儿，你就能看见水面上有泡泡升起来。这就是植物制造的氧气泡。

青蛙会在水中产卵。

淡水中的小动物

一个健康的湖泊或池塘周围会有蜻蜓和豆娘飞来飞去。水蛭、摇蚊的**幼虫**和马蝇的出现则是池塘不太健康的迹象，这可能是水体**停滞**和氧气含量低造成的结果。

蜻蜓

蜻蜓翅膀是透明的，很强壮，它可以像战斗机一样俯冲。蜻蜓的稚虫被称为水虿（chài），以水生动物为食。

石蛾

石蛾和蛾子、蝴蝶是近亲。石蛾有两对精致而多毛的翅膀。石蛾的幼虫通常会用丝和砾石给自己做一个保护壳。

水蜘蛛

这种蜘蛛被称为潜水钟蜘蛛，是唯一一种能在水下睡觉、进食、交配和繁殖的蜘蛛。它们主要分布于欧洲和亚洲的池塘和湖泊。

水蛭

这些柔软的肉食性动物是蚯蚓的近亲。它们生活在水中，依附在猎物身上，靠吮吸猎物的血液为生。

蜗牛

一些淡水蜗牛有腮，可以生活在水下，在水中呼吸。其他种类的蜗牛则必须要到水面上才能呼吸。

你知道吗？

水螅是生活在湖泊和池塘中的一种小型生物。水螅有一个长长的管状身体和一张被触手环绕的嘴巴。它们可以修复受损的身体部位，因此不会变老或因衰老而死亡。

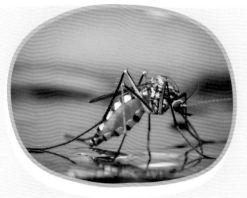

摇蚊

注意这些微小的双翅目昆虫，它们有时被称为蚋（ruì），看起来有点像蚊子。有一些摇蚊会咬人，它们中的大多数会在水中产卵。

蚊子

雌蚊子把卵产在池塘中，这样幼虫孵化出来后就能以水中的小生物为食。

划蝽

想要逮到这类甲虫，你可能需要用到网，因为它们通常在池塘的底部活动，以植物和藻类为食。

试一试

在水面上行走

找出这些昆虫能够在水面上行走而不沉下去的原因。

- 把一个回形针丢到水里，它是沉下去还是浮在水面上？
- 现在，把回形针轻轻地平放在水面上。这样做能让它浮起来吗？
- 如果回形针还是沉到水里，试着把它放到一张小的厨房纸上。当这张纸下沉的时候，回形针应该会继续漂浮在水面上。
- 水表面的水分子相互吸引并"粘"在一起，就像水面上有一层皮肤。这就是表面张力。正是它让回形针和一些水生昆虫得以浮在水面上。

龙虱

龙虱的口器很锋利，以蝌蚪和其他小生物为食。它们的幼虫非常凶猛，被戏称为"水虎"。

水黾（mǐn）

这类昆虫通常被称为水上漫游者，它们有细长的腿，腿上覆盖着细小的毛。这些毛能够帮助它们利用水体表面的张力在水面上行走。

淡水鱼类

许多花园池塘里都有观赏鱼，比如金鱼或锦鲤。而在大自然的池塘和湖泊中，鱼的种类则有很多，它们大小不同，形状各异。

米诺鱼

米诺鱼体形很小，一般最大能长到 10 厘米长。它们成群结队地生活在一起，形成鱼群。许多鸟类、水生哺乳动物和大型鱼类都会以它们为食。

威尔士鲇鱼

威尔士鲇鱼是欧洲中部和东部的本土鱼类。这些黏糊糊的无鳞鱼已被引入欧洲和亚洲各地，用于休闲渔业。它们嘴上有长长的触须，是体形较大的淡水鱼。

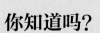

你知道吗？

鲇鱼可以活到 50 岁！

河鲈

河鲈是一种有条纹的小型鱼类，它们的背鳍上有一排锋利的刺，身上的条纹可以用来伪装，保护它们免受掠食性鸟类的攻击。

鲤鱼

这种青铜色的鱼，个头可以长得很大，有着又大又圆的鱼身，以及强有力的鳍。它们会在水底四处寻找昆虫、蜗牛和蠕虫吃。

红眼鱼

夏天的时候可以留意观察这种鱼，它们会冲出水面吃小昆虫。

刺鱼

刺鱼体形小，长相独特。最常见的刺鱼是背部长有3根棘刺的三刺鱼。春季，雄鱼身体下侧变红，表明它已经为交配做好了准备。

丁鲅（guì）

丁鲅分布在欧洲和亚洲。它们的鳞比大多数鱼的鳞都要小，看上去很光滑。它们生活在长有大量植被的湖泊中，大多在夜间进食。

白斑狗鱼

白斑狗鱼是一种凶猛的捕食者，大嘴上长满了锋利的后向牙齿。它们身体细长，可以在水中快速移动。

试一试

做一个水镜

利用这个装置，可以更清楚地看清水下世界。

- 你需要一个大的空饮料盒，比如一个带嘴儿的硬纸包装盒。
- 让大人帮忙把底部剪掉，从顶部剪一个手掌大的观察口。
- 用保鲜膜封住底部，用橡皮筋固定到位。尽可能地拉伸保鲜膜，使其紧致光滑。
- 用胶带将保鲜膜封口处的最上缘裹住。
- 将水镜密封的一端放入水下，从顶部观察。不要动，这样你就不会吓跑任何生物啦。

记住！

没有大人在旁边照看，不要独自去水边！

两栖动物

两栖动物是指那些幼体生活在水中，用鳃呼吸，经变态发育，成体用肺呼吸（皮肤辅助呼吸），水陆两栖的动物。它们成年后会在水边生活，这样就可以在水里产卵。青蛙、蟾蜍、蝾螈和鲵都是两栖动物。

斑点钝口螈

斑点钝口螈常见于北美部分地区潮湿的森林中。它们生活在池塘附近，以便在淡水中产卵。它们必须保持皮肤湿润，否则就无法呼吸。

欧洲蝾螈

蝾螈白天躲在石头下面，在气温较低时寻找昆虫吃。在繁殖季，雄性的背部会长出锯齿状的冠。

美洲蟾蜍

这种蟾蜍的疣中含有一种微毒的液体，有助于防止它被其他动物吃掉。

美国牛蛙

美国牛蛙是北美洲最大的蛙类之一，能发出巨大的叫声。它们的饮食结构多样，从小型鸟类、爬行动物，到水生贝类和蜗牛，都是它们的食物。

有何不同？

青蛙和蟾蜍看上去很像——那么怎么区分它们呢？

跳跃式移动

更多的时候是爬行，而非跳跃

光滑、湿润的皮肤

圆滚滚的脸和身躯

厚而粗糙的疣状皮肤

苗条的身躯

尖鼻头

后腿较短

脚上有蹼

长长的后腿

脚趾是分开的

靠近水边生活

能够生活在比较干燥的地方

欧洲林蛙

这种蛙大部分是**夜行性**的，它们可以通过改变皮肤颜色的深浅来适应周围环境。它们在冬天会**冬眠**，在落叶、石头或原木下寻找庇护所，或是在池塘的泥里挖洞。

欧洲大蟾蜍

这种夜行性的蟾蜍遍布整个欧洲，白天的时候躲藏起来，夜幕降临时才出现。它们主要以蛞蝓、蠕虫和蚂蚁为食。

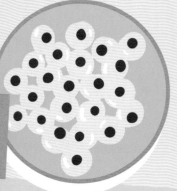

青蛙会把卵产在一起，这些卵被称作卵块。

蟾蜍的卵呈一条连续的线状长带。

生命周期

哺乳动物的宝宝通常看起来像是它们父母的缩小版。但对于包括两栖动物和昆虫在内的其他动物来说，情况就不一样了。它们会经历**变态过程**，外表会随着生长而发生改变。

你知道吗？

水生昆虫在变化为成虫并离开池塘之前，通常会在其稚虫或幼虫阶段停留数年。蜻蜓的稚虫通常要在水下生活两年左右的时间，而金环蜻蜓的稚虫期甚至要超过5年。

蝌蚪在孵化的过程中会以卵胶膜为食。

从卵到成年

两栖动物的生命是从卵开始的，然后从卵孵化成蝌蚪。蝌蚪在水中靠鳃呼吸，就像鱼一样。渐渐地，蝌蚪的鳃会消失，长出肺，这样它们就可以离开水面呼吸了。几乎所有的两栖动物最后都会褪去尾巴，长出腿，这样它们就可以在干燥的地面上移动了。

蝌蚪

卵块

一只青蛙的生命周期

蝌蚪会先长出后腿，再长出前腿

成蛙

幼蛙

完全变态还是不完全变态？

昆虫有两种不同的发育方式。一种被称为完全变态。它们先从卵孵化成幼虫，幼虫在长大的过程中经历生长**蜕皮**。末龄幼虫最后一次蜕皮后，便开始**化蛹**，最后羽化成有翅膀的成虫。

蝴蝶、甲虫、石蛾都要经历完全变态的过程。

完全变态

卵

毛虫

蛹

羽化的成虫

不完全变态

这只成年蜻蜓正在从它蜕下的皮中爬出来。

有的昆虫会经历不完全变态的过程。它们的卵孵化成幼虫后通常生活在水里。幼虫在长大的过程中，经历生长蜕皮，在长成成虫时会从皮下长出翅膀。蜻蜓、豆娘和蜉蝣都要经历不完全变态的过程。

水鸟

你能在池塘或者湖泊边的树上看到很多鸟。某些鸟类已经适应了在水上捕鱼或者潜水寻找食物的生活。它们会在河边的草丛中，甚至是湖泊和池塘的中心筑巢。

鸭子和天鹅是属于同一科的鸟类，通常被称为水禽。

凤头䴙䴘（pìtī）

潜鸟

这些鸟主要分布在北美洲，它们会吞食一些小石头，来帮助研磨食物中的骨头或贝壳等坚硬的部分。

白骨顶

白骨顶全身乌黑或暗灰黑色，在嘴巴的上方有一块明显的白色额甲。起飞前，会在水面上助跑。

䴙䴘

䴙䴘是游泳高手，但是在陆地上行走却很困难。留心观察，它们埋头潜水捕鱼的时候，冒出头来的出水点跟入水点完全不一样。

鹭

它们长着专门用于捕鱼的长长的喙，但也会吃小型的哺乳动物、青蛙和幼鸟。鹭有很多不同的种类，图片中展示的是苍鹭。

加拿大雁

加拿大雁比鸭子大得多，它们的脖子更长，翅膀也更大、更强壮。加拿大雁常见于北美洲和欧洲。

白鹭

白鹭属于鹭科，羽毛通常是白色的。与其他鹭一样，白鹭也有一个长而灵活的脖子。

普通翠鸟

白腹鱼狗

翠鸟

你能够很容易地通过翠鸟明亮的羽毛辨认出它们，不过它们并不常见。翠鸟会掠过水面找鱼吃。

天鹅

天鹅在会飞行的鸟类中属于体形较大的一种，它们通常是白色的，长着黑色或者橘色的喙。它们的宝宝长着灰色蓬松的羽毛。

鸭子

鸭子有很多种类，身体的颜色和图案各不相同。通常来说，鸭子的脖子都比较短，圆圆的脑袋和带蹼的脚，则有助于它们游泳。

适合的喙

不同形状的鸟喙能够为你了解不同鸟类进食的方法提供线索。鹭的喙大而尖，站在水边就能戳到食物。而扁扁的喙比较适合从水中啄食，所以鸭子和天鹅会把头浸入水中，去啄植物和虫子来吃。捕鱼的鸟类则有边缘粗糙、末端很尖的喙，这有助于它们捕捉滑溜溜的猎物。有些鸟会在飞行过程中潜入水里捕猎，而有些鸟则会在游泳的时候，潜入水中捕猎。

更多关于鸭子的知识

鸭子与天鹅的关系很密切。南极洲以外的所有大陆都可以看见它们的踪影。鸭子有很多不同的种类，比如钻水鸭和潜水鸭。有的鸭子还进化出了适合在树上暂歇的脚掌。

觅食时间

除了某些遵循独特食谱的鸭子以外，其他大部分鸭子都主要以鱼为食。不过，多数鸭子并不挑食，任何到嘴的食物都能吃。它们的食物包括鱼、甲壳类动物、昆虫、种子和水果，有时也会啃食水生植物。

在水中

鸭子的腿很短，身体圆润，蹒跚走路的样子很独特。不过，这样的身体构造可以让它们在水中轻松移动。它们脚趾之间的蹼就像桨一样，能够最大限度地将水推向身后，以此来带动身体前移。

雄性绿头鸭

雌鸭的叫声往往比雄鸭的更大。不是所有的鸭子都是嘎嘎叫的，有一些还会发出其他的叫声。

有羽毛的朋友们

鸭子羽毛的最外层覆盖着质地光滑的防水膜。它们必须自己梳理这些羽毛。它们需要用喙在尾巴附近擦取一种特殊的油脂，然后将其涂抹在身体上。上层羽毛下面是一层柔软蓬松的绒毛，可以让鸭子保持温暖。

雌性绿头鸭

在英语中，雌性鸭子（hen）与雄性鸭子（drake）是完全不同的单词。雄性鸭子通常拥有更鲜艳的羽毛，可以吸引伴侣，而雌性鸭子往往是棕色的，这更有利于它们伪装隐蔽。

上层的羽毛防水性能很好，即使它们潜入水中，下层绒毛也不会被打湿。

小鸭子

每年春天，成年的鸭子都会开始筑巢、繁殖。雌鸭会在巢中下几个蛋。大约 4 ~ 5 周之后，小鸭子便会孵化出来。刚出生几天的小鸭子还不能下水，因为它们蓬松的羽毛还不能完全防水。

你知道吗？

繁殖期过后，雄鸭将脱落大量羽毛，以至于无法飞行，只能待在水面上躲避天敌。

哺乳动物和爬行动物

许多哺乳动物和爬行动物都不适合在湖泊或者池塘中生活，但是它们会在岸边安家。其中有一些是游泳高手，会在水中觅食。

水䶄（píng）

与仓鼠有亲缘关系的水䶄是一种身短体健、皮毛光滑的哺乳动物。北美水䶄比欧洲水䶄个头大。它们都会在池塘、湖泊和河流的岸边挖洞，并留出一个可以直接入水的洞口。

麝（shè）鼠

麝鼠是中等体形的啮齿类动物，尾巴略微扁平，有助于它们游泳。它们主要以水生植物为食。它们的耳朵短小，外面覆盖着长长的防水的硬毛，可以防止耳道进水。

水貂

在野外，水貂生活在水边，捕食青蛙、鱼、水鸟和小型哺乳动物。它们是游泳高手，经常会潜入水下，探索洞穴和岩石。

水獭

这些游泳明星们会追逐捕食鱼类，每天要花多达 5 个小时打猎。它们敏感的胡须能感觉到水中微小的运动，这有助于它们捕猎。

河狸

河狸可能会在湖边挖洞，也可能会将树木啃倒，用来筑坝，围筑自己的池塘。它们喜欢在湖、池塘或河流的中间建造巢室。

锦龟

龟

锦龟遍布北美洲各地，在水中觅食，但是经常会趴在原木或者石头上晒太阳。离鳄龟远一点，它们长有锋利、有力的嘴。

鳄龟

水鼩鼱（qújīng）

这种小动物以小鱼和池塘底部的昆虫幼虫为食。水鼩鼱的皮毛会困住很多小气泡，如果在潜水过程中停止划水，这些小气泡就会带动它浮出水面。

前肢较小

后肢较大

试一试

动物追踪

学会看懂水生朋友们留下的印记。

- 在池塘边慢慢走，边走边观察两侧。特别要注意那些比较高大的植物。你能看到草茎间有巢穴吗？

- 你能看到足迹吗？能判断是哪种动物留下的吗？

  - 在笔记本中记录。画出脚印的草图，或者拍下照片。加上日期、时间和天气情况。

- 每次户外玩耍之后都要仔细洗手。

水游蛇

蛇

一些蛇能在池塘和湖泊里游泳、觅食。在欧洲和亚洲，水游蛇主要以两栖动物为食。在美国，要小心食鱼蝮（fù），这种蛇有剧毒，而且只要能吞得下，它什么都吃。

食鱼蝮

在水边生长

在湖泊和池塘及其周围的地方，通常长有很多植物，这为被捕食者提供了食物和庇护所。有些植物生长在泥泞的水底，有些则漂浮在水面上，根部垂在水中。许多植物已经适应了在水边潮湿的土地里生长，它们的茎比水下植物的茎更结实。

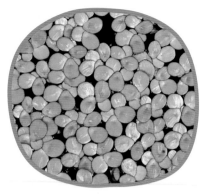

浮萍

浮萍长有很多小圆叶片，漂浮在水面上，好似连成一片的绿毯。它可是非常受欢迎的食物，不止鸭子，蜗牛也以它为食。

狐尾藻

这种植物长有细小的羽毛状叶子，围绕在茎的周围，小花会露出水面。狐尾藻繁殖迅速，可以很快就占据整个池塘或湖泊，将其他植物挤走。

香蒲

这些独特的植物在长茎顶端长有香肠状的穗状花序。开花后，成千上万个绒毛般的花絮将带着种子随风飘散。

鸢尾

这种美丽的花很常见，3片下垂的花瓣围绕着3片较小的直立花瓣。它的形状便于昆虫降落、采蜜，也更利于花粉的传播。

睡莲

睡莲的叶子坚韧，质地看似皮革，可以为水下生物提供阴凉和庇护，于晚春或夏季开花。

恼人的藻类

藻类会以绿色浮渣的形式出现在水面上，而当它们覆盖于岩石表面和池塘或湖泊的底部时，则是绿色的黏液状。如果将含有洗涤剂、化肥等物质的污水排入湖中，对水体造成污染，藻类的生长速度就会加快，这种现象被称为**藻华**。藻类的存在会消耗植物所需的**营养**，也会减少昆虫和鱼类呼吸所需的氧气，从而给其他生物带来危害。

苍蝇

灯心草

这些成簇的高茎植物为蛾子等昆虫提供了食物，也是水鸟们在岸边筑巢的好去处。

茅膏菜

这种奇特的植物长有黏糊糊的触须，能够粘住被植物的甜味所吸引来的昆虫。茅膏菜从它们生长的湿地区域获得的矿物质很少，所以必须靠消化昆虫来获得额外的营养。它们的叶子长有闪亮的水滴状的边缘，因此这种植物在英文中被称为 sundew（意思是阳光下的露珠）。

焰毛茛

作为毛茛家族中的一员，焰毛茛生长在浅滩上。在夏季开花的时候，它们很受蜜蜂和蝴蝶的欢迎。

试一试

做一个芦苇散香器

你的家会香香的！

• 请大人帮忙剪下 4 段苇秆，每段约 30 厘米长。

• 找一个温暖干燥的地方，放置一两天，将它们晒干。

• 找一个干净的窄颈玻璃瓶。往瓶中倒入约 3 厘米厚的润肤露，加入几滴精油并搅拌。

• 把干的苇秆插入瓶中。逐渐被润肤露浸润的苇秆会散发出香味来。每隔一天将苇秆翻转一次，以保持香味清新。

池塘的食物网

一个池塘或湖泊就是一个生态系统。植物和动物作为食物链中的一部分，彼此相关联。多组食物链组成的食物网，向我们展示了从微小的**生物体**到大型的捕猎者之间的具体捕食关系。

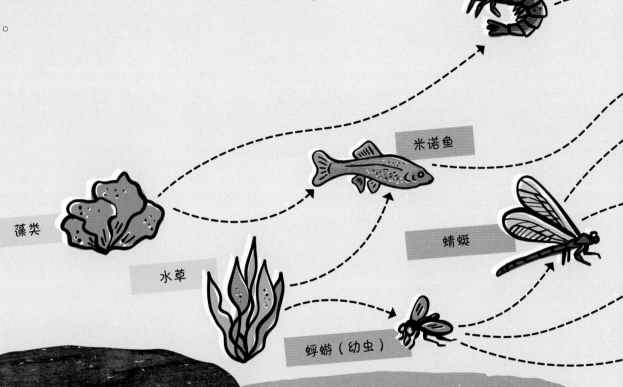

虾

米诺鱼

蜻蜓

藻类

水草

蜉蝣（幼虫）

天鹅主要吃植物，但也吃藻类。

从底端到顶端

自行制造食物的生物体位于食物链的底端。它们可能是植物或藻类，我们称之为**生产者**。它们被**初级消费者**——昆虫、鱼类和鸟类吃掉。而初级消费者可能会成为次级消费者的食物，比如蛇、大鱼或是吃鱼的鸟。

在顶端

食物链顶端的消费者被称为**顶级捕食者**，比如白头海雕。在北美洲，许多湖泊周围都能发现白头海雕的身影，它们以鱼类为主要食物。

翠鸟

青蛙

蛇

试一试

去池塘捞一把

自己做一个网兜，然后看看能抓住什么。

记住！

没有大人在旁边照看，不要独自去水边！

- 把一条旧紧身裤的裤腿剪掉。留出足够的布料打结，做一个网兜。

- 在紧身裤的腰头上开个小缝，将一根硬铁丝（衣架是最理想的材料）穿进去。

- 把铁丝两端拧在一起，然后插入一根藤条末端的洞里。

- 用结实的防水胶带将其牢牢固定住，缠住所有尖锐的地方。把网做成圆形或菱形。

- 从池塘里取一点水，倒入一个白色的浅盘中。用你的网在池塘中来回打捞。将网中捕获的动物和植物放入白色托盘中，以便可以更清楚地观察它们。

几分钟后，记得要把捞取的小生物放回到池塘中去。

保护湖泊和池塘

在网上查一下你家附近的池塘和湖泊。可以是一个村庄池塘，也可以是一个划船湖或钓鱼湖，或者一个位于自然保护区中的湖泊。让大人带你去参观一些池塘或湖泊，并寻找能帮助保持生态系统健康的方法。

为什么湖泊和池塘很重要？

地球上超过 97% 的水都是海洋里的咸水。大部分的淡水都被冻结在了冰川中或位于南北极。只有非常少的一部分淡水存在于湖泊和池塘中。它们是许多无法在咸水中生存的动植物的家园。淡水是两栖动物和许多昆虫生存和繁衍的必要条件，没有了淡水，自然的平衡就会遭到严重破坏。

污染

淡水湖很容易被污染。化肥和杀虫剂被雨水和风散播开来，传到了水中。工厂里的化学污水和城镇的生活污水也通过河流和小溪流到了湖中。它们不仅会杀死动物，还会导致藻类数量增长（见第 25 页），这将使其他物种无法生存下去。

人类活动造成的污水通常会被排到河流、湖泊和池塘中。

你能做什么？

• 一定不要把垃圾扔到水里。

• 把垃圾带回家，回收利用或者放入垃圾桶。

• 不要把化学品倒进水槽或下水道。在当地的回收中心处理油漆、药品和油等物品。

• 在家里也要节约用水。刷牙时关掉水龙头。

• 尽可能多地使用环保的清洁产品。

• 和家人一起参加清洁湖泊和河流的活动。

小测验

1. 河狸的家叫什么？

a）空洞

b）巢室

c）兽穴

2. 蝌蚪在水中靠什么呼吸？

a）腮

b）肺

c）胃

3. 鲇鱼的胡须叫什么？

a）触须

b）触手

c）触角

4. 白鹭的羽毛是什么颜色的？

a）棕色

b）蓝色

c）白色

5. 北美洲的五大湖是怎么形成的？

a）河流冲击

b）冰川刨蚀

c）火山喷发

6. 下面哪里的水最咸？

a）地中海

b）死海

c）里海

7. 是什么让一些昆虫能够在水面上行走？

a）滑板皮

b）防水性

c）表面张力

8. 下面哪一个词是用来形容藻类大量生长的？

a）藻华

b）藻繁

c）藻增

答案：1b, 2a, 3a, 4c, 5b, 6b, 7c, 8a